THE ⚜ TIMES

Su Doku

Book 6

Compiled by Sudokusolver.com

D0784788

First published in 2006 by Times Books

HarperCollins Publishers
77–85 Fulham Palace Road
London
W6 8JB

www.collins.co.uk

© Times Newspapers Ltd 2006

All puzzles supplied by Lydia Ade and Noah Hearle
of Sudokusolver.com

8

The Times is a registered trademark of Times Newspapers Ltd

ISBN-13 978- 0-00-724753-0

A catalogue record for this book is available from
the British Library.

Printed and bound in Great Britain by Clays Ltd, St Ives plc

Mixed Sources
Product group from well-managed
forests and other controlled sources
www.fsc.org Cert no. SW-COC-1806
© 1996 Forest Stewardship Council

FSC is a non-profit international organisation established to promote the
responsible management of the world's forests. Products carrying the FSC
label are independently certified to assure consumers that they come
from forests that are managed to meet the social, economic and
ecological needs of present and future generations.

Find out more about HarperCollins and the environment at
www.harpercollins.co.uk/green

Contents

Solutions

Introduction

In *The Times Su Doku* Book 6, we have introduced a
number of subtle new features. Within each of the
four categories, Mild, Difficult, Fiendish and Super
Fiendish, the puzzles have been arranged in ascending
order of difficulty. As you progress through each
category, more sophisticated solving techniques are
required. In addition, we have introduced a new style
in the solutions so you can see in bold those numbers
that have already been provided. We hope that the
more avid Su Doku players will enjoy the final ten
Super Fiendish puzzles, some of which will require
more complex logic (not guesswork) to solve them.

Useful Solving Techniques

To help you through some of the harder puzzles in
this book, here are some useful solving techniques.
The first technique is required to solve all Su Doku
puzzles, while some of the others are only needed for
the harder puzzles.

Singles

Initially, you can easily solve a number of squares
simply by identifying a unique location for a number
in a row, column or 3x3 block. For example, look for
the third 7 to place in the top row of blocks (see
Fig. 1 on the next page). Here, the 7 must go in the
top right corner of the grid as there are 7s in the
blocks to the left and below.

Fig. 1

			4			↑	↑	7
	6			3	7		2	→
		7	6			9		→
	7		9		4	8		5
	2						9	
5		1	3		6		7	
		6			8	7		
	3		2	7			4	
					3			

Hidden singles

A different technique will help you locate a hidden number in the fourth row. If you make a note of the possibilities in this row, commonly known as the 'pencil marks' or 'candidates', you will see that there is just one pencil mark in the third column: the 3. Now you can place this number in the square (Fig. 2).

Fig. 2

			4					7
	6			3	7		2	
		7	6			9		
³⁶ 7		³3	9	¹²	4	8	¹³⁶	5
	2						9	
5		1	3		6		7	
		6			8	7		
	3		2	7			4	
					3			

As you place the 3 in the row, remember to remove it from your pencil marks to reveal the 6. Using pencil marks to find the numbers for this row is not actually necessary. Once a few more numbers have been placed, you will soon be able to solve this row using the singles method. In fact, this particular Su Doku puzzle does not require you to identify any hidden singles. You can simply find singles to complete a total of 15 squares before you need to use any more complex solving methods (Fig. 3).

Fig. 3

			4	9			6	7
	6		8	3	7		2	
		7	6			9		
6	7	3	9	2	4	8	1	5
	2		7				9	
5	9	1	3	8	6		7	
		6		4	8	7		
	3		2	7	9		4	
7				6	3			

Pairs

The next solving technique requires the use of your pencil marks to identify groupings of numbers. In row 7, you can place a number in column 8 by looking at a pair grouping. Using basic elimination to find your numbers in pencil marks, the second and fourth squares in this row must be either 1 or 5. As there are no other pencil marks here besides the 1 or

5, you can cross out any 1 or 5 noted elsewhere in the row (Fig. 4).

Fig. 4

			4	9			6	7
	6		8	3	7		2	
		7	6			9		
6	7	3	9	2	4	8	1	5
	2		7				9	
5	9	1	3	8	6		7	
29	⑤	6	⑤	4	8	7	38	239
	3		2	7	9		4	
7				6	3			

To illustrate this logic, try the opposite; see what happens if you place a 1 in the first square. Once you place the 1, remove this number from the remaining pencil marks in the row. As the second square in the row has just the 5 as an option, enter the 5 in this square; remove the excess pencil marks. Now the fourth square has no pencil marks remaining at all. There are no numbers that can be placed here without breaking the Su Doku rule; so there is a clear contradiction. This shows that if you see an isolated pair of pencil marks in a row, column or block, you can safely remove these numbers from the remaining pencil marks in that same row, column or block (see Fig. 5 on the next page).

Fig. 5

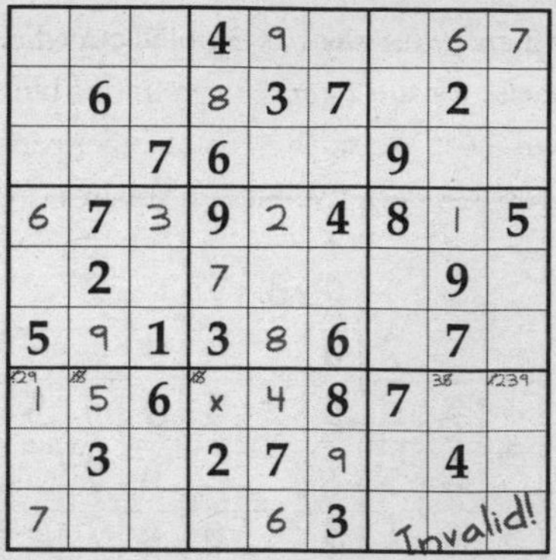

Once you have cleared the 1 and 5 from the pencil marks, you can place the 3 in the seventh row (Fig. 6).

Fig. 6

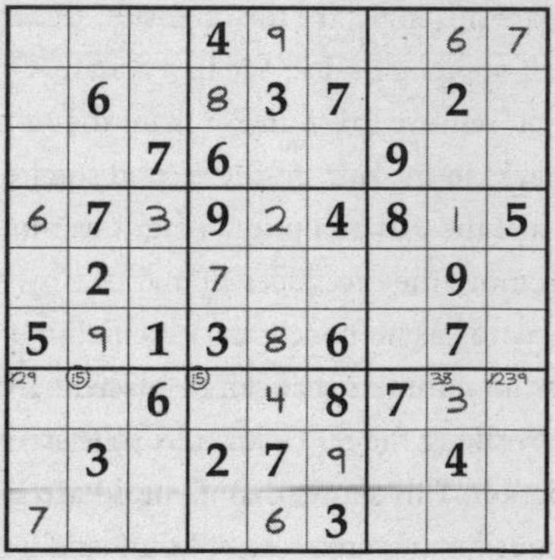

Hidden pairs

Now you can continue with a similar technique to reveal a less obvious number in the bottom left block. Adding some new pencil marks, you may be able to spot the 2 and 9 pair within the block. As there is nowhere else for the 2 and 9 to go in this block, they must go in those two squares. So, all other pencil marks can be crossed out in the relevant squares (Fig. 7).

Fig. 7

			4	9			6	7
	6		8	3	7		2	
		7	6			9		
6	7	3	9	2	4	8	1	5
	2		7				9	
5	9	1	3	8	6		7	
29	15	6	15	4	8	7	3	29
18	3	58	2	7	9		4	
7	1458	2 M58		6	3			

Now you are left with a single 4 pencil mark in this block, which means you can place this number here.

Triples
You may have noticed another group here, a 'triple' formed by the 1, 5 and 8 resulting in the same conclusion. As these three pencil marks are isolated in 3 squares, you can cross out the 1, 5 and 8 in the other squares in this block. Again, the 4 is the only pencil mark that remains in the square on the bottom row (see Fig. 8 on the next page).

Fig. 8

			4	9			6	7
	6		8	3	7		2	
		7	6			9		
6	7	3	9	2	4	8	1	5
	2		7				9	
5	9	1	3	8	6		7	
29	(15)	6	15	4	8	7	3	29
18	3	69	2	7	9		4	
7	458 4	24889		6	3			

Even though it isn't required in this Su Doku, identifying groups of three pencil marks will help you progress through some of the fiendish puzzles in this book. When looking for triples, it is important to remember that each of the squares may contain just two of the possible three pencil marks.

Row/block intersections

In the remaining unsolved squares of the top right block, there are only two possible locations for the 8. On the third row, you now know the 8 is located within this block. As a result, you can look across the entire row and eliminate the 8 as a possibility from the other blocks intersecting this row (see Fig. 9 on the next page).

Fig. 9

			4	9			6	7
	6		8	3	7		2	
←		7	6			9	⑧	⑧
6	7	3	9	2	4	8	1	5
	2		7				9	
5	9	1	3	8	6		7	
		6		4	8	7	3	
	3		2	7	9		4	
7	4			6	3			

If you look at the second column, there is only one possible square for the 8 (Fig. 10).

Fig. 10

	8		4	9			6	7
	6		8	3	7		2	
←		7	6			9	⑧	⑧
6	7	3	9	2	4	8	1	5
	2		7				9	
5	9	1	3	8	6		7	
←		6		4	8	7	3	
	3		2	7	9		4	
7	4			6	3			

NB. there are also column/block intersections that work in the same way.

Completing the Su Doku

By identifying another pair of 1 and 5 pencil marks in the third row, you can cross out the remaining 1s and 5s from this row and solve two squares (Fig. 11).

Fig. 11

	8		4	9			6	7
	6		8	3	7		2	
⁄234	⑤	7	6	⑤	⁄2⁄8	9	8̸8	⁄348
6	7	3	9	2	4	8	1	5
	2		7				9	
5	9	1	3	8	6		7	
		6		4	8	7	3	
	3		2	7	9		4	
7	4			6	3			

Place the 2 and 8 in the third row, then complete the eighth column (Fig. 12).

Fig. 12

	8		4	9			6	7
	6		8	3	7		2	
⁄234	⑤	7	6	⑤	⁄2⁄8 2	9	8̸8 8	⁄348
6	7	3	9	2	4	8	1	5
	2		7				9	
5	9	1	3	8	6		7	
		6		4	8	7	3	
	3		2	7	9		4	
7	4			6	3		5	

As a result of the last step, you can now solve the remainder of the Su Doku using singles which do not require any pencil marks (Fig. 13).

Fig. 13

1	8	2	4	9	5	3	6	7
9	6	4	8	3	7	5	2	1
3	5	7	6	1	2	9	8	4
6	7	3	9	2	4	8	1	5
4	2	8	7	5	1	6	9	3
5	9	1	3	8	6	4	7	2
2	1	6	5	4	8	7	3	9
8	3	5	2	7	9	1	4	6
7	4	9	1	6	3	2	5	8

If you are finding it difficult to progress through any puzzle here, see our details at the back of this book and read more on Su Doku solving techniques. Have fun and enjoy the Su Doku!

Lydia Ade and Noah Hearle, Sudokusolver.com

Puzzles

Mild

5	1	2		4		6	8	7
8	4	3	7	6	1	5	2	9
9	6	5	8			1	4	3
1			5				9	2
7			2	3	2			5
	2	5			4			1
3			4			9	5	6
2	9		6			7	1	4
4		6		1		2	3	8

Mild

3	1			6			4	
4	7				9		5	2
					2			
				3		4	7	
2			7		5			6
	5	1		4				
			1					
5	4		9				1	8
	9			2			6	4

	7					5	1	
2					4		9	7
				7		3		8
			9	8			4	
		6	7		3	1		
	4			1	2			
4		8		9				
7	1		4					9
	2	5					6	

	4		7	9				3
3					6	7	5	
		9				6	2	
8					3		4	
4								5
	3		6					1
	9	3				2		
	8	4	3					7
7				2	5		3	

				9		1	3	
3	1						5	
4			8		3			
		9	7		2	6		
2				6				7
		6	9		4	5		
			2		5			9
	7						8	2
	4	2		7				

				9			2	7
	1		5		2		3	9
		8			7			
	5		8			4	7	
8								6
	4	7			6		5	
			2			5		
4	8		6		5		9	
9	6			4				

	3		8		5			
6	9	2	3					
	7		1			4		
4	1	6	5					2
7					6	1	8	9
		9			4		1	
					8	7	3	4
			2		1		6	

	3			4	6			
4	6	1					7	
	5			8				
			3		5			7
8		3				2		1
6			8		1			
				9			2	
	4					7	1	5
			6	1			4	

7		5	1	4	6			
			7			8		
9		1					6	
4	7				3			8
6								1
2			6				4	3
	9					1		7
		7			4			
			5	7	1	4		2

Mild

	1					7		
	5		1	4			2	6
4			7	2				
			6		4	2	7	
	4	9				5	3	
	7	5	3		9			
				1	5			2
5	3			6	2		9	
		1					6	

				6		5	1	
7	1				3	6	2	
5	6	8				7		
	9			5				
4			3		9			1
				1			7	
		7				2	3	6
	8	9	1				5	7
	4	2		7				

Mild

							5	
3	5	7		2			1	
		2		7	8	6	3	
		3	1		2			
	1	8				2	4	
			3		5	1		
	2	4	6	3		5		
	3			9		4	6	7
	6							

8	3	7	2		5			9
			3	7				2
			8					4
6							4	1
	4	5				9	8	
2	7							5
5				3				
3				6	2			
7			9		8	4	1	3

Mild

2			4	6		1		7
7		4	1	2		9		
9								
					7			
5	9						7	6
			6					
								8
		7		9	1	4		5
3		8		4	5			2

				1	8		7	
7	6	8			5		9	
			7				2	
8	5		2		4	9		
3								6
		4	9		7		5	1
	3				2			
	8		5			7	1	2
	9		1	7				

Mild

		7	5					
	3		8		2	4	9	
	4		1	7				5
	8					6	5	9
		4				3		
5	6	3					1	
6				1	3		7	
	1	8	7		6		2	
					5	1		

5		4	8		9			
	6					4		
1					6	3	7	
9			4		1	7		3
				5				
7		5	3		2			1
	2	3	1					6
		9					3	
			9		5	2		8

Mild

3		8					6	2
1		4						
			5		3		8	7
		9	6		7	2		
				1				
		7	3		5	9		
8	2		4		9			
						8		9
4	9					3		6

7				9	6	8		4
2						3	6	5
4								
	5		6	3				
			5		9			
				7	8		1	
								3
3	4	6						8
9		7	3	4				6

Mild

	9		6	8				1
6					1		8	
		1		9		7		
3					8		1	
2		7				3		5
	1		3					8
		2		1		5		
	7		2					3
5				7	3		6	

				2	8	4	6	
9			1	4				
2			5					
4						1	7	
1	9						5	2
	5	3						4
					4			7
				3	2			8
	6	1	8	9				

Mild

	3			8		7	1	
2				1				8
			3		7			4
		9			4	5		
3	8						4	1
		2	7			9		
1			9		3			
7				4				9
	6	8		7			5	

2		5					3	1
				6			4	5
3				8		2		
				9	4			
	9	3	8		6	5	1	
			7	3				
		2		4				7
6	5			1				
8	4					9		2

Mild

		4		6			7	
2	9			3			5	
			1	5	2			4
		5				1		
4	2	9				5	3	6
		3				2		
5			2	8	6			
	6			9			2	8
	8			7		6		

					5		3	
7	8	9			3		1	
			1	6			4	
5	9					1		
		7		1		6		
		2					7	5
	1			7	8			
	5		6			7	9	2
	7		9					

Mild

	2		8			7	4	
6		5						2
7				5			6	
			3		7			6
		7		8		3		
4			9		5			
	3			2				4
9						5		1
	5	6			1		9	

		3		5	8			
	4					2	8	
1			4			3	9	
		1	6					8
8				2				1
6					1	9		
	1	2			3			7
	5	9					4	
			2	1		5		

7				8		2		4
				3	6			
1			4		7			
	3	2				5		
5	1						4	2
		6				8	3	
			2		8			9
			3	1				
2		4		7				6

		7	8		5		6	
				4		9		3
8					6		7	
2						5		6
	7						4	
4		5						2
	5		1					9
9		8		2				
	2		6		8	4		

5	8		2			4	7	
	2						3	
	3			5	4			
			5	6				
		7		3		9		
				9	1			
			8	2			6	
	7						8	
	9	4			6		1	5

	5	7				9		
1	6							
4		2	8	5				3
		1		3	6			
		4	5		9	6		
			2	4		7		
3				9	8	2		4
							7	6
		6				3	8	

	8		6	5	1			
7	4		3					8
	6	1	2			7	9	
		5				4		
	9	3			5	2	8	
5					4		3	9
			5	7	9		4	

			6			4		
		2	9	8	4			
9		7			3	6	5	
	2	8					4	7
	1						6	
7	5					9	8	
	9	4	3			8		6
			4	2	8	5		
		5			9			

	5	4		3		2	8	
6			2	4				7
2			5					3
						5	2	
5	2						1	8
	7	1						
3					6			5
1				7	2			9
	9	6		5		8	4	

					5			
						4	1	
			7	9	3	8	6	
		7	9	4		2		6
		3	2		7	1		
1		6		5	8	7		
	5	1	6	8	9			
	4	9						
			5					

	5	9	3		1			
	7	2	8				1	
	3				7			4
					5	4	7	
		5				2		
	4	3	9					
8			1				4	
	9				3	1	6	
			7		6	9	2	

3			4					
		9		1	2	7		
	1				5	3	4	
2						1	7	
	6						5	
	7	5						9
	2	3	9				8	
		4	7	3		9		
					4			6

Mild

			3	2				1
	2	6						
	9			8	7	5		
8				7		4		
6		4	8		9	2		3
		5		3				8
		8	9	5			4	
						3	9	
3				4	2			

			2	8				3
				9	4			
	6	2	5	1				
	7	5				4		
2		9				3		1
		4				7	9	
				2	6	1	7	
			1	7				
3				5	8			

Mild

Difficult

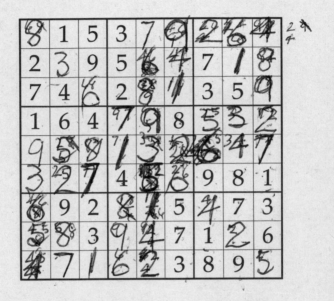

6	7			2			5	
5		4						2
	2			4	8			
					4	9		
7		8				5		6
		5	7					
			8	3			1	
3						6		9
	1			6			2	5

5	2			4				1
	4		3		2		5	7
		1				4		
	8			7			6	
6			4	9	3			2
	1			5			9	
		5				6		
1	7		5		4		3	
3				2			7	5

2		3	7					
			9			3		
4					3	5	7	
3	6			9		8		
			3		7			
		5		8			6	3
	3	2	4					7
		6			5			
					2	1		5

7		8				4		9
	9		4		3		1	
4				9				5
	6						8	
		3		4		2		
	7						5	
1				3				6
	4		5		8		2	
6		2				7		8

Difficult

	6		9					
	8	5			4		3	2
				5	3		9	
	5	6						4
		3				8		
8						1	5	
	9		6	3				
6	4		5			9	1	
					7		8	

4			3				5	1
8	7					3	4	
	2				4			
		6		4				2
			6		7			
3				1		8		
			4				6	
	5	4					9	3
9	3				6			4

	8			1	7			
	2	3	9				7	6
			5				3	
1						7	5	
4								3
	5	9						8
	6				9			
7	4				5	2	8	
			2	4			6	

				6				2
5		4	9			1		
6					5		8	
4			8				6	
		9				7		
	5				7			4
	9		4					5
		8			9	4		3
7				8				

4			7				9	
							6	2
			8		1	4		
1		7		4	6	9		
			2		3			
		5	9	7		1		4
		2	6		5			
9	5							
	6				7			8

	5	7					8	
4			7			6		5
	3				6			4
		8		9			4	
			1		5			
	1			7		3		
2			8				7	
3		6			7			8
	7					1	3	

Difficult

2	1					7		
	7						5	
			3	7				2
		9		3	1	6		5
1		7	6	4		8		
8				1	5			
	9						2	
		2					6	8

2					9		4	6
1	7		5				9	
				2				
3			9		4		2	
		4		1		9		
	9		2		3			8
				3				
	6				7		5	2
8	5		6					4

9					5	4		
							7	8
				4			5	9
		5		8	1	9		
		2				1		
		7	5	3		6		
2	1			6				
7	4							
		9	8					4

	7				3			9
2	1		4			3		
				2		8	4	
	5				2			8
		6		1		5		
8			6				7	
	8	7		5				
		9			8		5	1
1			7				8	

	5		9		7	3	8	
3								7
4			3		1			
2		5		9		7		1
			5		6			
6		9		2		5		8
			2		4			5
9								4
	2	4	1		9		3	

2	6				1		9	
3						2		8
		9	6				3	
		1	7					6
				6				
7					3	1		
	8				7	4		
5		3						7
	9		3				8	5

		6						4
		5		8	4		6	
2	4		5					
		4			2		8	
	2			9			3	
	8		3			1		
					5		9	3
	9		8	6		2		
4						7		

		3				7		6
	8		9	2		1		
1								
			3		4		5	2
9	1		7		6			
								9
		5		7	3		8	
7		8				4		

	8	3	6		5	4		
5	1		7				2	
4								3
6	5				7			4
7			8				5	6
9								7
	7				6		3	5
		5	3		8	9	4	

	3			8				
	2	8	5				6	7
					2		5	
		4	2		7		3	
9								8
	7		9		8	4		
	6		7					
7	4				1	6	8	
				9			1	

		1			2			
	9		5	8				
	5		1	6				
7	2	4						
6		5				4		8
						1	2	5
				2	5		1	
				7	3		9	
			4			2		

3					1	9	6	
	9			5				8
			6		9			1
		4			3	7		6
	8						4	
6		9	4			5		
9			2		5			
4				7			9	
	6	1	3					4

Difficult

		5			4		8	7
		7			8			1
6	8			3				
					6		3	8
		4				5		
2	6		4					
				4			9	5
5			2			8		
9	1		8			7		

5							6	2
					5			
7					6	5	8	
	7			3	2		1	6
3								4
2	1		4	8			3	
	2	9	3					1
			1					
4	3							9

Difficult

	9	4			2	7		
1	2				3		8	
5					8			2
						2	5	6
7	8	5						
2			4					9
	6		9				2	1
		3	6			4	7	

	5			9	8			
	6				5			2
1		3	4		6			
2					7	8	4	
8								6
	7	5	9					3
			3		1	4		9
3			5				6	
			8	4			5	

4		5		6		7	1	
		6	4					
3								4
5	2							
	6	9				5	2	
							9	3
6								2
					7	6		
	7	2		5		9		8

				5	8	9		
		7		3	2	5		
	2						8	4
							1	9
6	9						5	8
1	4							
2	6						4	
		5	2	4		1		
		9	8	7				

Difficult

	4	1						
								6
		8		1	9			4
		5	6		4			2
		6	2	7	5	8		
9			1		3	5		
5			3	2		4		
1								
						7	9	

		5	9			2	7	
								3
6		8	1					9
4		1	8		3			
				7				
			2		1	4		6
8					4	7		1
3								
	9	4			8	6		

			7				6	
5		7			1	3		
	1			3	8		4	
	9	6						3
		2		6		8		
3						6	1	
	6		9	8			3	
		3	1			2		4
	7				4			

			1			6		3
	3				2			
		7		3		9		8
9			4				3	
		4		1		2		
	8				3			9
6		8		4		5		
			7				4	
4		1			8			

3			6					5
	2	4		1			9	
		8			2	4	6	
		9						4
	8						1	
1						9		
	5	6	9			2		
	7			2		5	4	
9					5			1

	6		1				2	
9			7		6			5
		1	2			6		
5	2	4					8	
	3					2	5	4
		5			2	3		
7			6		3			2
	4				7		9	

Difficult

	1	2						
3					6	7		
4				8	9			
			8		3		5	
	7			2			8	
	4		7		1			
			3	9				5
		4	5					8
						9	4	

								1
	3				1	5	4	6	
					4	6		7	
						4	6	3	
	7	4					8	1	
	5	3	9						
	1		4	2					
	6	7	5	9			8		
5									

			4				6	
		7				2		9
	6		2			3	5	
3		6			4			
				5				
			1			6		5
	8	4			1		2	
5		9				1		
	7				9			

			5					
			8	2	9	7		
	8	9		4		5		
	4						8	7
	1	8				6	5	
3	7						4	
		7		9		4	2	
		3	2	1	5			
					3			

Difficult

					2	8		
		8	7	6				
2				8	5		9	
9		7					2	
	6	2				1	3	
	5					4		9
	9		2	7				4
				9	8	3		
		1	4					

			7				2	
7				2	9	3		
	1	2		5	3	9		
	7	1						3
	8	5				4	1	
4						7	8	
		7	1	3		8	5	
		3	9	8				6
	6				4			

Difficult

9			3					2
	7	2			6		8	
		5		9		4		
				7				3
4			9		1			5
1				3				
		9		1		3		
	4		5			7	1	
5					3			8

			6	5				
		5			2			
		8		7	4	9	6	
	4	2						7
5		3				6		8
8						4	2	
	6	9	7	8		5		
			9			3		
				6	1			

3				1				5
			2					
		4		3	6	7		
		9		6			1	
1		2	9		7	4		3
	8			4		5		
		3	6	7		1		
					5			
2				9				6

		7					2	
9	3		8				1	
		6		7		9		8
			4		8		7	
		4		9		5		
	9		5		6			
2		8		4		3		
	4				3		5	6
	6					7		

Difficult

		7	8	1				
	4					7	8	
	8				6			3
		9	4		3			7
4								5
5			6		7	4		
7			9				6	
	3	8					5	
				3	2	8		

6	2						3	9
9	1		8				7	6
				6				
			6		1		9	
		6				3		
	9		4		7			
				7				
2	3				8		4	5
1	4						8	2

2								9
		1	9		6	2		
	6			5			8	
	9		7		2		3	
		2				5		
	8		4		5		2	
	1			9			7	
		4	3		1	6		
3								8

7		2						5
	1		9				6	
		3		5		1		9
			3		5		7	
		7				3		
	3		4		6			
3		8		1		6		
	5				3		1	
4						9		3

Difficult

	2	7		3		6	5	
	5		1		4		2	
		2		9		1		
	1		8		7		6	
		3		1		8		
	7		4		2		1	
	8	9		5		7	4	

Fiendish

	8	2	5					
					1			2
		3		9		6		5
	4		6		2			3
		8		7		2		
2			9		8		1	
3		9		4		1		
8			3					
					6	3	5	

Fiendish

		3	1		5			
				8				
		7	9		6	8		2
4		8				5		3
	3						4	
6		9				1		7
7		2	5		4	9		
				2				
			7		9	3		

	6		4		5			9
4							5	
				2	9			
1			2			6	7	
		6				2		
	2	8			3			4
			8	1				
	1							5
8			5		4		1	

2		1						
4	9						6	
3					7	9		
	4	6		2	8	3		
				7				
		9	6	3		4	1	
		3	5					1
	8						4	3
						8		9

4		8		7	5			1
		3	8					
							5	3
7			5		8		3	
9								2
	8		9		7			4
8	3							
					6	3		
5			7	4		6		8

Fiendish

6	1						8	
3	2		1					4
			4			9		
	5	1			6			
				3				
			7			5	4	
		5			3			
8					4		2	1
	4						7	5

			2			8	9	
9	5					3	1	
6	1		9					
				4		7		9
			5		8			
5		1		3				
					7		4	1
	4	5					3	7
	3	7			4			

7		1	5					3
	3				2		5	
					4			7
	2	9						8
				9				
6						3	1	
3			2					
	5		4				8	
2					6	9		4

4	8				3	9		
						4		
		6				1		7
		5	8	2				4
			5	7	6			
8				3	9	6		
6		8				5		
		9						
		7	9				1	3

5			1				7	
	9			3		8		1
		8			6		5	
4			6			3		
	8			5			9	
		9			3			7
	5		4			7		
2		4		9			6	
	6				5			9

							9	
	9	1	4			3		
	8		6		1			5
		6		4				9
		4		2		8		
5				1		6		
9			8		7		6	
		7			9	2	8	
	6							

Fiendish

9	6		8					1
		5				3		2
	3				1		9	
		2	7		9			5
4			3		5	1		
	7		4				1	
6		3				2		
5					3		6	8

1	2							9
3					4		6	
		7	3	9				
		8			2		5	
		6				1		
	7		1			8		
				8	3	9		
	3		5					1
8							7	6

Fiendish

9	8		7					
3	2	6	4	5				9
						6		3
8	6			3			5	2
7		1						
4				1	2	8	6	5
					5		4	1

	7		6		5			
2	8		4			6		
		6	1				4	
7	2	9			4			5
8			3			9	7	4
	4				1	8		
		8			7		1	6
			5		8		3	

Fiendish

9		3			5	4		
8				2			1	6
					8		2	
7	6							
		2				7		
							3	5
	8		1					
6	3			9				8
		4	5			6		3

5							1	
	8	4	9				2	6
	9		4			7		
	6	7	5		1			
				8				
			3		6	4	7	
		9			2		8	
3	1				9	5	4	
	7							9

Fiendish

4								
		7		3				
	3	2	1	5	7			
		4	6			9		
	6	5				1	4	
		9			8	7		
			2	9	4	5	3	
				8		2		
								8

5					1			7
		2	8	9				
		9			2	1	8	
7		3					9	
	4						1	
	2					5		6
	9	1	7			4		
				5	8	2		
8			2					1

Fiendish

1	8	6					5	2
2			8	3				4
3		2						
	1		9		6		7	
						2		6
7				6	4			1
6	9					7	4	8

1			8	9		2		7
		4			7			
3							5	
	4			7				5
5			9		1			2
9				5			6	
	5							4
			3			5		
7		6		4	5			9

Fiendish

			9	2			6	4
				7	8	2		
		1				3		
		6			7	8	3	
	5	3	6			4		
		8				6		
		5	8	1				
9	1			6	3			

1			2		7			8
		7						
		4			8	3	7	
6		9		1				2
			6		2			
3				9		6		5
	6	5	9			8		
						5		
8			3		5			4

Fiendish

					6			
	3		2	1		7	6	
	7	9	3			2		
7						4	1	
	1			3			2	
	6	5						7
		7			1	8	3	
	2	1		7	8		5	
			5					

	6	8			7			
		4	9	8				6
			4				8	9
8						2	4	
	1						3	
	3	9						8
6	4				9			
7				3	2	1		
			7			6	5	

Fiendish

			7		9			
		8						6
	1	9			2	7		4
		3			5	9		7
	7						3	
9		4	8			2		
2		1	5			8	7	
3						6		
			1		8			

	4			9			6	
	6		3	2				
		7			4			
1				3		6		9
	2	9				5	7	
4		6		8				2
			5			4		
				6	3		5	
	8			4			2	

Fiendish

4		2	6				3	
			7					6
3		7	9			8		
2	5	8	3					
					7	3	5	2
		1			9	6		5
9					5			
	8				6	1		3

				5	2	6		7
9	2		7				8	
		4			6			
				3			1	2
3	8			2				
			5			1		
	1				8		3	4
7		8	1	6				

Fiendish

9								1
					3		4	6
1	5	3		7		8	9	
					1		5	
5								9
	6		5					
	8	2		5		1	6	7
6	1		4					
7								4

4	2					6	1	
		9	4		5			3
	8		6	9				7
	5						3	
1				7	3		8	
7			1		2	3		
	3	2					7	5

3	8			6			7	
1					5			8
		5				3		
			7	1			2	
9			4	2	6			5
	1			5	8			
		4				9		
7			5					3
	5			8			4	2

6				2				8
	9			1		2		
			4		5		6	
		9				8		3
	5						1	
3		1				9		
	3		1		2			
		6		4			5	
8				6				9

					3		8	
4				2	8			
		2	6	9		4		
1	9					7		
	7	3				2	6	
		8					4	9
		6		1	2	9		
			8	7				3
	2		9					

		4		6		8		
		5	4	3				
6			1				5	2
						7	8	
5	8						3	1
	9	1						
1	7				4			8
				7	9	3		
		6		1		5		

	6		8		7	5		
4								
				4	1	8		7
6						7		8
		7		3		4		
5		9						3
9		2	6	7				
								9
		6	1		9		8	

5			2		1			4
		6		7		8		
	4				8		6	
8		3						1
	6						9	
2						5		6
	8		1				3	
		9		4		6		
6			8		3			7

Fiendish

	8		1				2	
1				8		4		5
	3				7			
		7		2				8
	2		7	6	1		3	
9				3		1		
			6				8	
7		6		9				4
	9				4		5	

	1		5		3		9	
6				7				1
		9				6		
1			3		4			5
	4			1			8	
8			6		2			3
		8				5		
7				5				8
	3		2		8		7	

Fiendish

		2			9	3		
	9					5	4	
4	7		6					9
2				8		9		
			7		5			
		5		1				8
3					1		9	6
	2	9					1	
		8	3			7		

2				4			9	5
4			6		9			
		6			1	8		
	7	9					6	
5								7
	2					1	3	
		1	3			7		
			5		6			3
3	6			1				9

Fiendish

	6		5			8		
				8		2		1
9	8		1		2			
		1				4		2
	2						7	
6		9				5		
			8		5		9	4
7		3		2				
		8			6		2	

2						9		7
	8	9	2				4	
6					9		2	
		8		1			9	
			8		5			
	9			6		8		
	4		5					3
	5				4	7	1	
3		7						6

				6		9	2	
5			8					
4			3	9	2			
		8				1	3	
1		4				5		7
	6	5				2		
			4	2	8			3
					7			8
	4	7		1				

							2	
6	5						7	
		1	8		2	5		
		6		3		8		
			9		6			
		5		1		2		
		8	4		5	7		
	2						4	9
	1							

	4							
		3	4					7
		2	6		7	3	5	
		7	3		2	8	1	
	1	6	9		4	7		
	2	4	8		9	1		
9					6	4		
							3	

4			3	1				9
		7		9		3		
	9				8		1	
		9						6
7	5						2	1
2						5		
	7		1				4	
		4		6		8		
6				7	4			5

		5	1					6
				2				7
1	8				5	4		
9					3			
		3	7	5	6	9		
			9					8
		4	3				5	2
7				4				
5					1	3		

					7	4		
		7	9					
1			5	3			2	
8						6	5	
		4		8		7		
	5	1						4
	9			2	1			8
					4	2		
		6	7					

8								6
		1	5	9		7		
	6				8		1	
		4		5			3	
	1		4	6	2		5	
	5			3		1		
	7		1				4	
		6		2	5	3		
1								8

Super Fiendish

6		3					8	5
5					3			
		1		4		7		3
	5		4		6			
		8				9		
			2		1		3	
1		2		3		8		
			5					2
4	9					3		7

3					6			8
	1	9	8	3			6	
							1	
2			7		9		3	
	3			1			7	
	9		3		5			1
	7							
	2			7	3	8	5	
5			6					3

9			2	3	1			
			5					
4		2					6	
							1	9
3	4						8	5
6	7							
	9					2		3
				3				
			8	1	7			6

6			9					4
	7		4				8	
		2		6		3		
				1			5	8
		1	3		8	7		
8	9			2				
		9		8		2		
	8				9		3	
7					6			9

4			6					7
		7			1	9		
	9	5				6	3	
	7		1		5			3
				8				
5			9		7		4	
	4	9				7	5	
		2	7			3		
7					2			6

9		4			8		5	1
	8						6	4
3						9		
				6				2
			1	2	3			
6				4				
		1						9
4	9						3	
8	2		7			4		6

					8		4	3
5				6		8		9
3				4		2		
								4
8	6		9		4		7	1
7								
		9		1				7
2		3		9				6
4	7		3					

	1	3		4		9	8	
6						4	1	2
7			4					
4			5		6			7
					2			8
3	2	4						5
	5	6		9		3	2	

			5				6	2
			2		8			4
		2		1		3		
6	7						8	
		1		5		9		
	4						1	3
		8		3		4		
5			9		6			
1	9				7			

2		4			5	8		3
	5				3		9	
1								5
3	9		4		6			
				2				
			5		8		6	1
9								8
	4		8				5	
5		8	7			4		9

Solutions

1

5	1	2	3	4	9	6	8	7
8	4	3	7	6	1	5	2	9
9	6	7	2	8	5	1	4	3
1	3	4	5	7	6	8	9	2
7	8	9	1	3	2	4	6	5
6	2	5	8	9	4	3	7	1
3	7	1	4	2	8	9	5	6
2	9	8	6	5	3	7	1	4
4	5	6	9	1	7	2	3	8

2

3	1	2	5	6	7	8	4	9
4	7	8	3	1	9	6	5	2
9	6	5	4	8	2	7	3	1
6	8	9	2	3	1	4	7	5
2	3	4	7	9	5	1	8	6
7	5	1	6	4	8	9	2	3
8	2	6	1	5	4	3	9	7
5	4	3	9	7	6	2	1	8
1	9	7	8	2	3	5	6	4

3

3	7	9	2	6	8	5	1	4
2	8	1	3	5	4	6	9	7
6	5	4	1	7	9	3	2	8
1	3	2	9	8	5	7	4	6
5	9	6	7	4	3	1	8	2
8	4	7	6	1	2	9	3	5
4	6	8	5	9	1	2	7	3
7	1	3	4	2	6	8	5	9
9	2	5	8	3	7	4	6	1

4

6	4	5	7	9	2	1	8	3
3	2	8	4	1	6	7	5	9
1	7	9	5	3	8	6	2	4
8	5	6	1	7	3	9	4	2
4	1	7	2	8	9	3	6	5
9	3	2	6	5	4	8	7	1
5	9	3	8	4	7	2	1	6
2	8	4	3	6	1	5	9	7
7	6	1	9	2	5	4	3	8

5

6	2	8	5	9	7	1	3	4
3	1	7	4	2	6	9	5	8
4	9	5	8	1	3	2	7	6
1	8	9	7	5	2	6	4	3
2	5	4	3	6	1	8	9	7
7	3	6	9	8	4	5	2	1
8	6	3	2	4	5	7	1	9
5	7	1	6	3	9	4	8	2
9	4	2	1	7	8	3	6	5

6

5	3	6	4	9	8	1	2	7
7	1	4	5	6	2	8	3	9
2	9	8	3	1	7	6	4	5
6	5	9	8	2	1	4	7	3
8	2	3	7	5	4	9	1	6
1	4	7	9	3	6	2	5	8
3	7	1	2	8	9	5	6	4
4	8	2	6	7	5	3	9	1
9	6	5	1	4	3	7	8	2

7

1	3	4	8	9	5	6	2	7
6	9	2	3	4	7	8	5	1
8	7	5	1	6	2	4	9	3
4	1	6	5	8	9	3	7	2
9	2	8	7	1	3	5	4	6
7	5	3	4	2	6	1	8	9
3	8	9	6	7	4	2	1	5
2	6	1	9	5	8	7	3	4
5	4	7	2	3	1	9	6	8

8

7	3	8	1	4	6	5	9	2
4	6	1	9	5	2	3	7	8
2	5	9	7	8	3	1	6	4
1	9	4	3	2	5	6	8	7
8	7	3	4	6	9	2	5	1
6	2	5	8	7	1	4	3	9
3	1	7	5	9	4	8	2	6
9	4	6	2	3	8	7	1	5
5	8	2	6	1	7	9	4	3

Su Doku

9

7	8	5	1	4	6	3	2	9
3	6	2	7	9	5	8	1	4
9	4	1	3	2	8	7	6	5
4	7	9	2	1	3	6	5	8
6	5	3	4	8	9	2	7	1
2	1	8	6	5	7	9	4	3
5	9	4	8	6	2	1	3	7
1	2	7	9	3	4	5	8	6
8	3	6	5	7	1	4	9	2

10

8	1	2	5	9	6	7	4	3
3	5	7	1	4	8	9	2	6
4	9	6	7	2	3	8	5	1
1	8	3	6	5	4	2	7	9
6	4	9	2	7	1	5	3	8
2	7	5	3	8	9	6	1	4
7	6	4	9	1	5	3	8	2
5	3	8	4	6	2	1	9	7
9	2	1	8	3	7	4	6	5

9	2	3	8	6	7	5	1	4
7	1	4	5	9	3	6	2	8
5	6	8	2	4	1	7	9	3
8	9	1	7	5	6	3	4	2
4	7	5	3	2	9	8	6	1
2	3	6	4	1	8	9	7	5
1	5	7	9	8	4	2	3	6
6	8	9	1	3	2	4	5	7
3	4	2	6	7	5	1	8	9

4	8	6	9	1	3	7	5	2
3	5	7	4	2	6	9	1	8
1	9	2	5	7	8	6	3	4
6	7	3	1	4	2	8	9	5
5	1	8	7	6	9	2	4	3
2	4	9	3	8	5	1	7	6
9	2	4	6	3	7	5	8	1
8	3	5	2	9	1	4	6	7
7	6	1	8	5	4	3	2	9

13

8	3	7	2	4	5	1	6	9
4	6	1	3	7	9	8	5	2
9	5	2	1	8	6	3	7	4
6	8	3	5	9	7	2	4	1
1	4	5	6	2	3	9	8	7
2	7	9	8	1	4	6	3	5
5	9	8	4	3	1	7	2	6
3	1	4	7	6	2	5	9	8
7	2	6	9	5	8	4	1	3

14

2	3	5	4	6	9	1	8	7
7	6	4	1	2	8	9	5	3
9	8	1	5	7	3	2	6	4
8	4	6	9	5	7	3	2	1
5	9	2	3	1	4	8	7	6
1	7	3	6	8	2	5	4	9
4	5	9	2	3	6	7	1	8
6	2	7	8	9	1	4	3	5
3	1	8	7	4	5	6	9	2

15

9	4	2	6	1	8	3	7	5
7	6	8	3	2	5	1	9	4
5	1	3	7	4	9	6	2	8
8	5	1	2	6	4	9	3	7
3	7	9	8	5	1	2	4	6
6	2	4	9	3	7	8	5	1
1	3	7	4	8	2	5	6	9
4	8	6	5	9	3	7	1	2
2	9	5	1	7	6	4	8	3

16

9	2	7	5	3	4	8	6	1
1	3	5	8	6	2	4	9	7
8	4	6	1	7	9	2	3	5
2	8	1	3	4	7	6	5	9
7	9	4	6	5	1	3	8	2
5	6	3	9	2	8	7	1	4
6	5	2	4	1	3	9	7	8
4	1	8	7	9	6	5	2	3
3	7	9	2	8	5	1	4	6

17

5	3	4	8	7	9	6	1	2
2	6	7	5	1	3	4	8	9
1	9	8	2	4	6	3	7	5
9	8	2	4	6	1	7	5	3
3	1	6	7	5	8	9	2	4
7	4	5	3	9	2	8	6	1
4	2	3	1	8	7	5	9	6
8	5	9	6	2	4	1	3	7
6	7	1	9	3	5	2	4	8

18

3	5	8	7	9	1	4	6	2
1	7	4	8	6	2	5	9	3
9	6	2	5	4	3	1	8	7
5	1	9	6	8	7	2	3	4
2	8	3	9	1	4	6	7	5
6	4	7	3	2	5	9	1	8
8	2	6	4	3	9	7	5	1
7	3	1	2	5	6	8	4	9
4	9	5	1	7	8	3	2	6

19

7	3	5	1	9	6	8	2	4
2	9	1	7	8	4	3	6	5
4	6	8	2	5	3	7	9	1
1	5	9	6	3	2	4	8	7
8	7	4	5	1	9	6	3	2
6	2	3	4	7	8	5	1	9
5	1	2	8	6	7	9	4	3
3	4	6	9	2	5	1	7	8
9	8	7	3	4	1	2	5	6

20

7	9	3	6	8	2	4	5	1
6	5	4	7	3	1	2	8	9
8	2	1	5	9	4	7	3	6
3	6	5	4	2	8	9	1	7
2	8	7	1	6	9	3	4	5
4	1	9	3	5	7	6	2	8
9	3	2	8	1	6	5	7	4
1	7	6	2	4	5	8	9	3
5	4	8	9	7	3	1	6	2

Su Doku

21

3	7	5	9	2	8	4	6	1
9	8	6	1	4	3	7	2	5
2	1	4	5	6	7	8	3	9
4	2	8	3	5	9	1	7	6
1	9	7	4	8	6	3	5	2
6	5	3	2	7	1	9	8	4
8	3	2	6	1	4	5	9	7
5	4	9	7	3	2	6	1	8
7	6	1	8	9	5	2	4	3

22

4	3	6	2	8	9	7	1	5
2	7	5	4	1	6	3	9	8
8	9	1	3	5	7	6	2	4
6	1	9	8	2	4	5	3	7
3	8	7	6	9	5	2	4	1
5	4	2	7	3	1	9	8	6
1	5	4	9	6	3	8	7	2
7	2	3	5	4	8	1	6	9
9	6	8	1	7	2	4	5	3

23

2	6	5	4	7	9	8	3	1
1	8	9	2	6	3	7	4	5
3	7	4	5	8	1	2	9	6
5	2	6	1	9	4	3	7	8
7	9	3	8	2	6	5	1	4
4	1	8	7	3	5	6	2	9
9	3	2	6	4	8	1	5	7
6	5	7	9	1	2	4	8	3
8	4	1	3	5	7	9	6	2

24

1	5	4	8	6	9	3	7	2
2	9	6	4	3	7	8	5	1
7	3	8	1	5	2	9	6	4
8	7	5	6	2	3	1	4	9
4	2	9	7	1	8	5	3	6
6	1	3	9	4	5	2	8	7
5	4	1	2	8	6	7	9	3
3	6	7	5	9	1	4	2	8
9	8	2	3	7	4	6	1	5

25

6	4	1	8	9	5	2	3	7
7	8	9	4	2	3	5	1	6
3	2	5	1	6	7	9	4	8
5	9	8	7	4	6	1	2	3
4	3	7	5	1	2	6	8	9
1	6	2	3	8	9	4	7	5
9	1	6	2	7	8	3	5	4
8	5	4	6	3	1	7	9	2
2	7	3	9	5	4	8	6	1

26

3	2	1	8	9	6	7	4	5
6	8	5	1	7	4	9	3	2
7	4	9	2	5	3	1	6	8
8	9	2	3	1	7	4	5	6
5	6	7	4	8	2	3	1	9
4	1	3	9	6	5	2	8	7
1	3	8	5	2	9	6	7	4
9	7	4	6	3	8	5	2	1
2	5	6	7	4	1	8	9	3

27

2	6	3	9	5	8	7	1	4
9	4	5	1	3	7	2	8	6
1	7	8	4	6	2	3	9	5
5	3	1	6	7	9	4	2	8
8	9	4	3	2	5	6	7	1
6	2	7	8	4	1	9	5	3
4	1	2	5	9	3	8	6	7
3	5	9	7	8	6	1	4	2
7	8	6	2	1	4	5	3	9

28

7	9	3	1	8	5	2	6	4
4	2	8	9	3	6	1	7	5
1	6	5	4	2	7	9	8	3
8	3	2	6	4	1	5	9	7
5	1	7	8	9	3	6	4	2
9	4	6	7	5	2	8	3	1
3	7	1	2	6	8	4	5	9
6	5	9	3	1	4	7	2	8
2	8	4	5	7	9	3	1	6

Su Doku

29

3	9	7	8	1	5	2	6	4
5	6	1	7	4	2	9	8	3
8	4	2	9	3	6	1	7	5
2	3	9	4	8	7	5	1	6
1	7	6	2	5	9	3	4	8
4	8	5	3	6	1	7	9	2
6	5	4	1	7	3	8	2	9
9	1	8	5	2	4	6	3	7
7	2	3	6	9	8	4	5	1

30

5	8	9	2	1	3	4	7	6
4	2	6	9	8	7	5	3	1
7	3	1	6	5	4	8	9	2
9	4	3	5	6	8	1	2	7
1	6	7	4	3	2	9	5	8
2	5	8	7	9	1	6	4	3
3	1	5	8	2	9	7	6	4
6	7	2	1	4	5	3	8	9
8	9	4	3	7	6	2	1	5

8	5	7	1	6	3	9	4	2
1	6	3	9	2	4	8	5	7
4	9	2	8	5	7	1	6	3
5	2	1	7	3	6	4	9	8
7	3	4	5	8	9	6	2	1
6	8	9	2	4	1	7	3	5
3	7	5	6	9	8	2	1	4
9	4	8	3	1	2	5	7	6
2	1	6	4	7	5	3	8	9

1	5	9	4	8	7	3	2	6
3	8	2	6	5	1	9	7	4
7	4	6	3	9	2	5	1	8
8	6	1	2	4	3	7	9	5
2	7	5	9	1	8	4	6	3
4	9	3	7	6	5	2	8	1
5	1	7	8	2	4	6	3	9
6	3	8	5	7	9	1	4	2
9	2	4	1	3	6	8	5	7

33

8	3	1	6	7	5	4	9	2
5	6	2	9	8	4	7	3	1
9	4	7	2	1	3	6	5	8
3	2	8	5	9	6	1	4	7
4	1	9	8	3	7	2	6	5
7	5	6	1	4	2	9	8	3
2	9	4	3	5	1	8	7	6
6	7	3	4	2	8	5	1	9
1	8	5	7	6	9	3	2	4

34

9	5	4	6	3	7	2	8	1
6	3	8	2	4	1	9	5	7
2	1	7	5	9	8	4	6	3
8	6	3	7	1	9	5	2	4
5	2	9	3	6	4	7	1	8
4	7	1	8	2	5	3	9	6
3	4	2	9	8	6	1	7	5
1	8	5	4	7	2	6	3	9
7	9	6	1	5	3	8	4	2

3	6	8	4	1	5	9	7	2
9	7	5	8	2	6	4	1	3
2	1	4	7	9	3	8	6	5
5	8	7	9	4	1	2	3	6
4	9	3	2	6	7	1	5	8
1	2	6	3	5	8	7	4	9
7	5	1	6	8	9	3	2	4
6	4	9	1	3	2	5	8	7
8	3	2	5	7	4	6	9	1

4	5	9	3	6	1	7	8	2
6	7	2	8	9	4	5	1	3
1	3	8	5	2	7	6	9	4
2	8	1	6	3	5	4	7	9
9	6	5	4	7	8	2	3	1
7	4	3	9	1	2	8	5	6
8	2	6	1	5	9	3	4	7
5	9	7	2	4	3	1	6	8
3	1	4	7	8	6	9	2	5

37

3	5	6	4	7	8	2	9	1
8	4	9	3	1	2	7	6	5
7	1	2	6	9	5	3	4	8
2	3	8	5	6	9	1	7	4
9	6	1	2	4	7	8	5	3
4	7	5	1	8	3	6	2	9
6	2	3	9	5	1	4	8	7
5	8	4	7	3	6	9	1	2
1	9	7	8	2	4	5	3	6

38

4	8	7	3	2	5	9	6	1
5	2	6	4	9	1	8	3	7
1	9	3	6	8	7	5	2	4
8	3	2	5	7	6	4	1	9
6	7	4	8	1	9	2	5	3
9	1	5	2	3	4	6	7	8
7	6	8	9	5	3	1	4	2
2	4	1	7	6	8	3	9	5
3	5	9	1	4	2	7	8	6

39

9	4	1	2	8	7	6	5	3
8	5	3	6	9	4	2	1	7
7	6	2	5	1	3	8	4	9
6	7	5	9	3	1	4	8	2
2	8	9	7	4	5	3	6	1
1	3	4	8	6	2	7	9	5
5	9	8	3	2	6	1	7	4
4	2	6	1	7	9	5	3	8
3	1	7	4	5	8	9	2	6

40

7	5	6	4	3	2	9	1	8
2	3	8	5	1	9	4	7	6
1	4	9	6	7	8	3	2	5
5	8	2	7	6	3	1	4	9
3	7	1	9	4	5	6	8	2
6	9	4	8	2	1	7	5	3
4	2	3	1	8	6	5	9	7
9	6	7	2	5	4	8	3	1
8	1	5	3	9	7	2	6	4

41

8	1	5	3	7	9	2	6	4
2	3	9	5	6	4	7	1	8
7	4	6	2	8	1	3	5	9
1	6	4	7	9	8	5	3	2
9	5	8	1	3	2	6	4	7
3	2	7	4	5	6	9	8	1
6	9	2	8	1	5	4	7	3
5	8	3	9	4	7	1	2	6
4	7	1	6	2	3	8	9	5

42

6	7	3	9	2	1	8	5	4
5	8	4	6	7	3	1	9	2
9	2	1	5	4	8	7	6	3
1	6	2	3	5	4	9	7	8
7	3	8	1	9	2	5	4	6
4	9	5	7	8	6	2	3	1
2	5	6	8	3	9	4	1	7
3	4	7	2	1	5	6	8	9
8	1	9	4	6	7	3	2	5

43

5	2	9	7	4	6	3	8	1
8	4	6	3	1	2	9	5	7
7	3	1	9	8	5	4	2	6
9	8	3	2	7	1	5	6	4
6	5	7	4	9	3	8	1	2
4	1	2	6	5	8	7	9	3
2	9	5	1	3	7	6	4	8
1	7	8	5	6	4	2	3	9
3	6	4	8	2	9	1	7	5

44

2	5	3	7	4	6	9	1	8
6	7	1	9	5	8	3	4	2
4	8	9	1	2	3	5	7	6
3	6	7	5	9	4	8	2	1
1	2	8	3	6	7	4	5	9
9	4	5	2	8	1	7	6	3
5	3	2	4	1	9	6	8	7
7	1	6	8	3	5	2	9	4
8	9	4	6	7	2	1	3	5

45

7	3	8	2	5	1	4	6	9
5	9	6	4	7	3	8	1	2
4	2	1	8	9	6	3	7	5
9	6	5	3	2	7	1	8	4
8	1	3	6	4	5	2	9	7
2	7	4	1	8	9	6	5	3
1	8	9	7	3	2	5	4	6
3	4	7	5	6	8	9	2	1
6	5	2	9	1	4	7	3	8

46

3	6	2	9	7	8	5	4	1
9	8	5	1	6	4	7	3	2
1	7	4	2	5	3	6	9	8
7	5	6	8	1	9	3	2	4
4	1	3	7	2	5	8	6	9
8	2	9	3	4	6	1	5	7
2	9	8	6	3	1	4	7	5
6	4	7	5	8	2	9	1	3
5	3	1	4	9	7	2	8	6

47

4	6	9	3	7	8	2	5	1
8	7	1	2	6	5	3	4	9
5	2	3	1	9	4	6	8	7
7	8	6	5	4	3	9	1	2
1	9	2	6	8	7	4	3	5
3	4	5	9	1	2	8	7	6
2	1	7	4	3	9	5	6	8
6	5	4	8	2	1	7	9	3
9	3	8	7	5	6	1	2	4

48

6	8	4	3	1	7	9	2	5
5	2	3	9	8	4	1	7	6
9	1	7	5	2	6	8	3	4
1	3	6	4	9	8	7	5	2
4	7	8	1	5	2	6	9	3
2	5	9	7	6	3	4	1	8
3	6	2	8	7	9	5	4	1
7	4	1	6	3	5	2	8	9
8	9	5	2	4	1	3	6	7

49

9	8	1	7	6	3	5	4	2
5	7	4	9	2	8	1	3	6
6	2	3	1	4	5	9	8	7
4	3	7	8	5	1	2	6	9
2	1	9	6	3	4	7	5	8
8	5	6	2	9	7	3	1	4
3	9	2	4	1	6	8	7	5
1	6	8	5	7	9	4	2	3
7	4	5	3	8	2	6	9	1

50

4	8	3	7	6	2	5	9	1
5	7	1	4	3	9	8	6	2
2	9	6	8	5	1	4	3	7
1	2	7	5	4	6	9	8	3
8	4	9	2	1	3	6	7	5
6	3	5	9	7	8	1	2	4
7	1	2	6	8	5	3	4	9
9	5	8	3	2	4	7	1	6
3	6	4	1	9	7	2	5	8

51

6	5	7	4	2	1	9	8	3
4	8	2	7	3	9	6	1	5
1	3	9	5	8	6	7	2	4
7	6	8	3	9	2	5	4	1
9	2	3	1	4	5	8	6	7
5	1	4	6	7	8	3	9	2
2	9	1	8	5	3	4	7	6
3	4	6	9	1	7	2	5	8
8	7	5	2	6	4	1	3	9

52

2	1	3	5	6	9	7	8	4
9	7	4	1	2	8	3	5	6
6	8	5	3	7	4	9	1	2
4	2	9	8	3	1	6	7	5
3	6	8	9	5	7	2	4	1
1	5	7	6	4	2	8	3	9
8	3	6	2	1	5	4	9	7
7	9	1	4	8	6	5	2	3
5	4	2	7	9	3	1	6	8

53

2	3	5	8	7	9	1	4	6
1	7	8	5	4	6	2	9	3
9	4	6	3	2	1	5	8	7
3	8	7	9	5	4	6	2	1
6	2	4	7	1	8	9	3	5
5	9	1	2	6	3	4	7	8
7	1	2	4	3	5	8	6	9
4	6	9	1	8	7	3	5	2
8	5	3	6	9	2	7	1	4

54

9	8	3	7	2	5	4	1	6
5	2	4	1	9	6	3	7	8
6	7	1	3	4	8	2	5	9
4	6	5	2	8	1	9	3	7
8	3	2	6	7	9	1	4	5
1	9	7	5	3	4	6	8	2
2	1	8	4	6	7	5	9	3
7	4	6	9	5	3	8	2	1
3	5	9	8	1	2	7	6	4

55

6	7	4	5	8	3	2	1	9
2	1	8	4	7	9	3	6	5
5	9	3	1	2	6	8	4	7
7	5	1	3	4	2	6	9	8
9	4	6	8	1	7	5	3	2
8	3	2	6	9	5	1	7	4
3	8	7	9	5	1	4	2	6
4	6	9	2	3	8	7	5	1
1	2	5	7	6	4	9	8	3

56

1	5	6	9	4	7	3	8	2
3	9	8	6	5	2	4	1	7
4	7	2	3	8	1	6	5	9
2	3	5	4	9	8	7	6	1
8	4	7	5	1	6	9	2	3
6	1	9	7	2	3	5	4	8
7	8	3	2	6	4	1	9	5
9	6	1	8	3	5	2	7	4
5	2	4	1	7	9	8	3	6

2	6	8	5	3	1	7	9	4
3	1	5	4	7	9	2	6	8
4	7	9	6	2	8	5	3	1
8	2	1	7	9	4	3	5	6
9	3	4	1	6	5	8	7	2
7	5	6	2	8	3	1	4	9
6	8	2	9	5	7	4	1	3
5	4	3	8	1	6	9	2	7
1	9	7	3	4	2	6	8	5

8	1	6	7	3	9	5	2	4
9	7	5	2	8	4	3	6	1
2	4	3	5	1	6	9	7	8
7	3	4	1	5	2	6	8	9
5	2	1	6	9	8	4	3	7
6	8	9	3	4	7	1	5	2
1	6	2	4	7	5	8	9	3
3	9	7	8	6	1	2	4	5
4	5	8	9	2	3	7	1	6

59

2	5	3	1	4	8	7	9	6
4	8	6	9	2	7	1	3	5
1	7	9	6	3	5	8	2	4
8	6	7	3	1	4	9	5	2
5	3	4	2	8	9	6	1	7
9	1	2	7	5	6	3	4	8
3	4	1	8	6	2	5	7	9
6	9	5	4	7	3	2	8	1
7	2	8	5	9	1	4	6	3

60

2	8	3	6	9	5	4	7	1
5	1	6	7	4	3	8	2	9
4	9	7	1	8	2	5	6	3
6	5	8	2	1	7	3	9	4
3	2	9	5	6	4	7	1	8
7	4	1	8	3	9	2	5	6
9	3	2	4	5	1	6	8	7
8	7	4	9	2	6	1	3	5
1	6	5	3	7	8	9	4	2

61

5	3	7	6	8	9	2	4	1
1	2	8	5	3	4	9	6	7
4	9	6	1	7	2	8	5	3
6	8	4	2	5	7	1	3	9
9	1	2	4	6	3	5	7	8
3	7	5	9	1	8	4	2	6
8	6	1	7	4	5	3	9	2
7	4	9	3	2	1	6	8	5
2	5	3	8	9	6	7	1	4

62

8	4	1	3	9	2	7	5	6
2	9	6	5	8	7	3	4	1
3	5	7	1	6	4	9	8	2
7	2	4	8	5	1	6	3	9
6	1	5	2	3	9	4	7	8
9	3	8	7	4	6	1	2	5
4	6	3	9	2	5	8	1	7
1	8	2	6	7	3	5	9	4
5	7	9	4	1	8	2	6	3

63

3	4	5	8	2	1	9	6	7
1	9	6	7	5	4	3	2	8
8	2	7	6	3	9	4	5	1
2	5	4	9	1	3	7	8	6
7	8	3	5	6	2	1	4	9
6	1	9	4	8	7	5	3	2
9	7	8	2	4	5	6	1	3
4	3	2	1	7	6	8	9	5
5	6	1	3	9	8	2	7	4

64

3	9	5	6	1	4	2	8	7
4	2	7	5	9	8	3	6	1
6	8	1	7	3	2	9	5	4
7	5	9	1	2	6	4	3	8
1	3	4	9	8	7	5	2	6
2	6	8	4	5	3	1	7	9
8	7	2	3	4	1	6	9	5
5	4	6	2	7	9	8	1	3
9	1	3	8	6	5	7	4	2

65

5	9	8	7	4	3	1	6	2
1	6	3	8	2	5	9	4	7
7	4	2	9	1	6	5	8	3
9	7	4	5	3	2	8	1	6
3	8	5	6	7	1	2	9	4
2	1	6	4	8	9	7	3	5
8	2	9	3	6	7	4	5	1
6	5	7	1	9	4	3	2	8
4	3	1	2	5	8	6	7	9

66

8	9	4	1	6	2	7	3	5
1	2	7	5	9	3	6	8	4
5	3	6	7	4	8	1	9	2
3	1	9	8	7	4	2	5	6
6	4	2	3	5	9	8	1	7
7	8	5	2	1	6	9	4	3
2	7	1	4	8	5	3	6	9
4	6	8	9	3	7	5	2	1
9	5	3	6	2	1	4	7	8

7	5	2	1	9	8	6	3	4
4	6	8	7	3	5	9	1	2
1	9	3	4	2	6	5	7	8
2	3	9	6	1	7	8	4	5
8	4	1	2	5	3	7	9	6
6	7	5	9	8	4	1	2	3
5	2	7	3	6	1	4	8	9
3	8	4	5	7	9	2	6	1
9	1	6	8	4	2	3	5	7

4	8	5	3	6	2	7	1	9
2	1	6	4	7	9	3	8	5
3	9	7	8	1	5	2	6	4
5	2	3	7	9	8	1	4	6
8	6	9	1	4	3	5	2	7
7	4	1	5	2	6	8	9	3
6	5	8	9	3	1	4	7	2
9	3	4	2	8	7	6	5	1
1	7	2	6	5	4	9	3	8

3	1	4	6	5	8	9	7	2
9	8	7	4	3	2	5	6	1
5	2	6	7	1	9	3	8	4
7	5	8	3	6	4	2	1	9
6	9	3	1	2	7	4	5	8
1	4	2	9	8	5	7	3	6
2	6	1	5	9	3	8	4	7
8	7	5	2	4	6	1	9	3
4	3	9	8	7	1	6	2	5

7	4	1	5	6	2	9	3	8
2	5	9	4	3	8	1	7	6
6	3	8	7	1	9	2	5	4
8	7	5	6	9	4	3	1	2
3	1	6	2	7	5	8	4	9
9	2	4	1	8	3	5	6	7
5	9	7	3	2	6	4	8	1
1	8	3	9	4	7	6	2	5
4	6	2	8	5	1	7	9	3

71

1	3	5	9	4	6	2	7	8
7	4	9	5	8	2	1	6	3
6	2	8	1	3	7	5	4	9
4	5	1	8	6	3	9	2	7
2	8	6	4	7	9	3	1	5
9	7	3	2	5	1	4	8	6
8	6	2	3	9	4	7	5	1
3	1	7	6	2	5	8	9	4
5	9	4	7	1	8	6	3	2

72

8	3	4	7	2	9	5	6	1
5	2	7	6	4	1	3	9	8
6	1	9	5	3	8	7	4	2
7	9	6	8	1	5	4	2	3
1	5	2	4	6	3	8	7	9
3	4	8	2	9	7	6	1	5
4	6	5	9	8	2	1	3	7
9	8	3	1	7	6	2	5	4
2	7	1	3	5	4	9	8	6

73

8	2	9	**1**	7	4	**6**	5	**3**
5	**3**	6	8	9	**2**	1	7	4
1	4	**7**	5	**3**	6	**9**	2	**8**
9	1	2	**4**	8	5	7	**3**	6
3	6	**4**	9	**1**	7	**2**	8	5
7	**8**	5	6	2	**3**	4	1	**9**
6	7	8	3	**4**	1	**5**	9	2
2	5	3	**7**	6	9	8	**4**	1
4	9	**1**	2	5	**8**	3	6	7

74

3	9	7	**6**	8	4	1	2	**5**
6	**2**	**4**	5	**1**	3	8	**9**	7
5	1	**8**	7	9	**2**	**4**	**6**	3
2	6	**9**	1	3	8	7	5	**4**
7	**8**	5	4	6	9	3	**1**	2
1	4	3	2	5	7	**9**	8	6
4	**5**	**6**	**9**	7	1	**2**	3	8
8	**7**	1	3	**2**	6	**5**	**4**	9
9	3	2	8	4	**5**	6	7	**1**

3	6	7	1	5	4	9	2	8
9	8	2	7	3	6	4	1	5
4	5	1	2	8	9	6	3	7
5	2	4	3	6	1	7	8	9
8	7	9	4	2	5	1	6	3
1	3	6	9	7	8	2	5	4
6	9	5	8	4	2	3	7	1
7	1	8	6	9	3	5	4	2
2	4	3	5	1	7	8	9	6

5	1	2	4	3	7	8	6	9
3	9	8	1	5	6	7	2	4
4	6	7	2	8	9	5	3	1
6	2	9	8	4	3	1	5	7
1	7	3	9	2	5	4	8	6
8	4	5	7	6	1	3	9	2
7	8	6	3	9	4	2	1	5
9	3	4	5	1	2	6	7	8
2	5	1	6	7	8	9	4	3

8	4	6	3	7	9	2	5	**1**
7	**3**	9	2	**1**	**5**	**4**	**6**	8
1	2	5	8	**4**	**6**	9	**7**	3
2	8	1	7	5	**4**	**6**	**3**	9
9	**7**	**4**	6	3	2	**8**	**1**	5
6	**5**	**3**	9	8	1	7	2	4
3	**1**	8	**4**	**2**	7	5	9	6
4	**6**	**7**	**5**	**9**	3	1	**8**	2
5	9	2	1	6	8	3	4	7

2	3	5	**4**	9	8	7	**6**	1
4	1	**7**	3	6	5	**2**	8	**9**
9	**6**	8	**2**	1	7	**3**	5	4
3	5	**6**	9	7	**4**	8	1	2
8	9	1	6	**5**	2	4	7	3
7	4	2	**1**	8	3	**6**	9	**5**
6	**8**	**4**	5	3	**1**	9	**2**	7
5	2	**9**	7	4	6	**1**	3	8
1	**7**	3	8	2	**9**	5	4	6

79

7	2	4	5	6	1	9	3	8
5	3	1	8	2	9	7	6	4
6	8	9	3	4	7	5	1	2
9	4	6	1	5	2	3	8	7
2	1	8	7	3	4	6	5	9
3	7	5	9	8	6	2	4	1
1	5	7	6	9	8	4	2	3
4	9	3	2	1	5	8	7	6
8	6	2	4	7	3	1	9	5

80

6	7	9	3	4	2	8	1	5
5	1	8	7	6	9	2	4	3
2	3	4	1	8	5	7	9	6
9	4	7	6	1	3	5	2	8
8	6	2	9	5	4	1	3	7
1	5	3	8	2	7	4	6	9
3	9	5	2	7	1	6	8	4
4	2	6	5	9	8	3	7	1
7	8	1	4	3	6	9	5	2

81

3	9	4	7	6	1	5	2	8
7	5	6	8	2	9	3	4	1
8	1	2	4	5	3	9	6	7
2	7	1	5	4	8	6	9	3
6	8	5	3	9	7	4	1	2
4	3	9	6	1	2	7	8	5
9	2	7	1	3	6	8	5	4
1	4	3	9	8	5	2	7	6
5	6	8	2	7	4	1	3	9

82

9	1	4	3	8	7	5	6	2
3	7	2	4	5	6	9	8	1
6	8	5	1	9	2	4	3	7
2	9	6	8	7	5	1	4	3
4	3	7	9	6	1	8	2	5
1	5	8	2	3	4	6	7	9
7	2	9	6	1	8	3	5	4
8	4	3	5	2	9	7	1	6
5	6	1	7	4	3	2	9	8

83

7	9	4	6	5	8	2	3	1
6	3	5	1	9	2	7	8	4
1	2	8	3	7	4	9	6	5
9	4	2	8	3	6	1	5	7
5	1	3	4	2	7	6	9	8
8	7	6	5	1	9	4	2	3
4	6	9	7	8	3	5	1	2
2	8	1	9	4	5	3	7	6
3	5	7	2	6	1	8	4	9

84

3	6	8	7	1	9	2	4	5
7	9	1	2	5	4	6	3	8
5	2	4	8	3	6	7	9	1
4	3	9	5	6	2	8	1	7
1	5	2	9	8	7	4	6	3
6	8	7	1	4	3	5	2	9
9	4	3	6	7	8	1	5	2
8	1	6	3	2	5	9	7	4
2	7	5	4	9	1	3	8	6

85

8	1	7	3	6	9	4	2	5
9	3	2	8	5	4	6	1	7
4	5	6	2	7	1	9	3	8
6	2	5	4	3	8	1	7	9
3	8	4	1	9	7	5	6	2
7	9	1	5	2	6	8	4	3
2	7	8	6	4	5	3	9	1
1	4	9	7	8	3	2	5	6
5	6	3	9	1	2	7	8	4

86

3	6	7	8	1	4	5	2	9
1	4	2	3	9	5	7	8	6
9	8	5	2	7	6	1	4	3
8	2	9	4	5	3	6	1	7
4	7	6	1	8	9	2	3	5
5	1	3	6	2	7	4	9	8
7	5	1	9	4	8	3	6	2
2	3	8	7	6	1	9	5	4
6	9	4	5	3	2	8	7	1

6	2	4	7	1	5	8	3	9
9	1	5	8	4	3	2	7	6
7	8	3	9	6	2	1	5	4
8	5	2	6	3	1	4	9	7
4	7	6	5	8	9	3	2	1
3	9	1	4	2	7	5	6	8
5	6	8	2	7	4	9	1	3
2	3	7	1	9	8	6	4	5
1	4	9	3	5	6	7	8	2

2	3	5	1	4	8	7	6	9
8	4	1	9	7	6	2	5	3
9	6	7	2	5	3	4	8	1
5	9	6	7	1	2	8	3	4
4	7	2	8	3	9	5	1	6
1	8	3	4	6	5	9	2	7
6	1	8	5	9	4	3	7	2
7	2	4	3	8	1	6	9	5
3	5	9	6	2	7	1	4	8

7	9	2	1	6	4	8	3	5
8	1	5	9	3	2	4	6	7
6	4	3	7	5	8	1	2	9
1	8	4	3	9	5	2	7	6
5	6	7	8	2	1	3	9	4
2	3	9	4	7	6	5	8	1
3	7	8	5	1	9	6	4	2
9	5	6	2	4	3	7	1	8
4	2	1	6	8	7	9	5	3

6	9	1	7	2	5	4	3	8
4	2	7	9	3	8	6	5	1
3	5	8	1	6	4	9	2	7
8	6	2	5	9	3	1	7	4
9	1	5	8	4	7	2	6	3
7	4	3	2	1	6	8	9	5
5	7	6	4	8	2	3	1	9
2	8	9	3	5	1	7	4	6
1	3	4	6	7	9	5	8	2

91

7	8	2	5	6	3	9	4	1
6	9	5	4	8	1	7	3	2
4	1	3	2	9	7	6	8	5
9	4	1	6	5	2	8	7	3
5	3	8	1	7	4	2	9	6
2	6	7	9	3	8	5	1	4
3	2	9	7	4	5	1	6	8
8	5	6	3	1	9	4	2	7
1	7	4	8	2	6	3	5	9

92

2	8	3	1	7	5	6	9	4
9	4	6	3	8	2	7	5	1
5	1	7	9	4	6	8	3	2
4	7	8	2	9	1	5	6	3
1	3	5	8	6	7	2	4	9
6	2	9	4	5	3	1	8	7
7	6	2	5	3	4	9	1	8
3	9	1	6	2	8	4	7	5
8	5	4	7	1	9	3	2	6

2	6	7	4	8	5	1	3	9
4	8	9	6	3	1	7	5	2
5	3	1	7	2	9	4	6	8
1	9	5	2	4	8	6	7	3
3	4	6	9	5	7	2	8	1
7	2	8	1	6	3	5	9	4
6	5	3	8	1	2	9	4	7
9	1	4	3	7	6	8	2	5
8	7	2	5	9	4	3	1	6

2	5	1	9	4	6	7	3	8
4	9	7	8	5	3	1	6	2
3	6	8	2	1	7	9	5	4
7	4	6	1	2	8	3	9	5
1	3	5	4	7	9	2	8	6
8	2	9	6	3	5	4	1	7
9	7	3	5	8	4	6	2	1
6	8	2	7	9	1	5	4	3
5	1	4	3	6	2	8	7	9

95

4	9	8	3	7	5	2	6	1
6	5	3	8	1	2	4	7	9
1	2	7	6	9	4	8	5	3
7	4	1	5	2	8	9	3	6
9	6	5	4	3	1	7	8	2
3	8	2	9	6	7	5	1	4
8	3	6	2	5	9	1	4	7
2	7	4	1	8	6	3	9	5
5	1	9	7	4	3	6	2	8

96

6	1	4	3	5	9	7	8	2
3	2	9	1	8	7	6	5	4
5	8	7	4	6	2	9	1	3
7	5	1	9	4	6	2	3	8
4	6	8	2	3	5	1	9	7
9	3	2	7	1	8	5	4	6
1	7	5	8	2	3	4	6	9
8	9	6	5	7	4	3	2	1
2	4	3	6	9	1	8	7	5

4	7	3	2	1	5	8	9	6
9	5	8	4	7	6	3	1	2
6	1	2	9	8	3	5	7	4
3	8	6	1	4	2	7	5	9
7	9	4	5	6	8	1	2	3
5	2	1	7	3	9	4	6	8
8	6	9	3	5	7	2	4	1
2	4	5	8	9	1	6	3	7
1	3	7	6	2	4	9	8	5

7	9	1	5	6	8	4	2	3
4	3	6	9	7	2	8	5	1
5	8	2	1	3	4	6	9	7
1	2	9	3	4	5	7	6	8
8	7	3	6	9	1	5	4	2
6	4	5	8	2	7	3	1	9
3	6	4	2	8	9	1	7	5
9	5	7	4	1	3	2	8	6
2	1	8	7	5	6	9	3	4

99

4	8	2	7	1	3	9	6	5
7	1	3	6	9	5	4	2	8
9	5	6	2	8	4	1	3	7
3	6	5	8	2	1	7	9	4
2	9	4	5	7	6	3	8	1
8	7	1	4	3	9	6	5	2
6	3	8	1	4	2	5	7	9
1	2	9	3	5	7	8	4	6
5	4	7	9	6	8	2	1	3

100

5	4	3	1	2	8	9	7	6
7	9	6	5	3	4	8	2	1
1	2	8	9	7	6	4	5	3
4	7	5	6	8	9	3	1	2
3	8	2	7	5	1	6	9	4
6	1	9	2	4	3	5	8	7
9	5	1	4	6	2	7	3	8
2	3	4	8	9	7	1	6	5
8	6	7	3	1	5	2	4	9

101

4	7	5	3	8	2	1	9	6
6	9	1	4	7	5	3	2	8
2	8	3	6	9	1	4	7	5
8	2	6	5	4	3	7	1	9
7	1	4	9	2	6	8	5	3
5	3	9	7	1	8	6	4	2
9	4	2	8	3	7	5	6	1
3	5	7	1	6	9	2	8	4
1	6	8	2	5	4	9	3	7

102

9	6	7	8	3	2	4	5	1
1	4	5	6	9	7	3	8	2
2	3	8	5	4	1	7	9	6
3	8	2	7	1	9	6	4	5
7	5	1	2	6	4	8	3	9
4	9	6	3	8	5	1	2	7
8	7	9	4	2	6	5	1	3
6	1	3	9	5	8	2	7	4
5	2	4	1	7	3	9	6	8

103

1	2	4	6	7	8	5	3	9
3	9	5	2	1	4	7	6	8
6	8	7	3	9	5	2	1	4
9	1	8	4	3	2	6	5	7
2	4	6	8	5	7	1	9	3
5	7	3	1	6	9	8	4	2
4	6	1	7	8	3	9	2	5
7	3	9	5	2	6	4	8	1
8	5	2	9	4	1	3	7	6

104

9	8	5	7	6	1	3	2	4
1	4	7	2	9	3	5	8	6
3	2	6	4	5	8	1	7	9
2	5	9	8	4	7	6	1	3
8	6	4	1	3	9	7	5	2
7	3	1	5	2	6	4	9	8
4	7	3	9	1	2	8	6	5
5	1	2	6	8	4	9	3	7
6	9	8	3	7	5	2	4	1

105

1	7	4	6	9	5	2	8	3
2	8	5	4	7	3	6	9	1
9	3	6	1	8	2	5	4	7
7	2	9	8	1	4	3	6	5
4	6	3	7	5	9	1	2	8
8	5	1	3	2	6	9	7	4
3	4	7	9	6	1	8	5	2
5	9	8	2	3	7	4	1	6
6	1	2	5	4	8	7	3	9

106

9	2	3	6	1	5	4	8	7
8	7	5	9	2	4	3	1	6
1	4	6	7	3	8	5	2	9
7	6	8	3	5	1	9	4	2
3	5	2	8	4	9	7	6	1
4	9	1	2	7	6	8	3	5
5	8	9	1	6	3	2	7	4
6	3	7	4	9	2	1	5	8
2	1	4	5	8	7	6	9	3

107

5	2	3	6	7	8	9	1	4
7	8	4	9	1	5	3	2	6
1	9	6	4	2	3	7	5	8
9	6	7	5	4	1	8	3	2
4	3	1	2	8	7	6	9	5
2	5	8	3	9	6	4	7	1
6	4	9	7	5	2	1	8	3
3	1	2	8	6	9	5	4	7
8	7	5	1	3	4	2	6	9

108

4	5	1	8	6	9	3	2	7
9	8	7	4	3	2	6	5	1
6	3	2	1	5	7	8	9	4
3	7	4	6	2	1	9	8	5
8	6	5	9	7	3	1	4	2
1	2	9	5	4	8	7	6	3
7	1	8	2	9	4	5	3	6
5	4	3	7	8	6	2	1	9
2	9	6	3	1	5	4	7	8

109

5	8	4	6	3	1	9	2	7
1	7	2	8	9	5	6	4	3
3	6	9	4	7	2	1	8	5
7	1	3	5	2	6	8	9	4
6	4	5	9	8	7	3	1	2
9	2	8	3	1	4	5	7	6
2	9	1	7	6	3	4	5	8
4	3	7	1	5	8	2	6	9
8	5	6	2	4	9	7	3	1

110

1	8	6	4	7	9	3	5	2
5	3	4	6	1	2	8	9	7
2	7	9	8	3	5	1	6	4
3	6	2	1	4	7	5	8	9
8	1	5	9	2	6	4	7	3
9	4	7	5	8	3	2	1	6
7	5	8	3	6	4	9	2	1
4	2	1	7	9	8	6	3	5
6	9	3	2	5	1	7	4	8

111

1	6	5	8	9	4	2	3	7
8	2	4	5	3	7	6	9	1
3	9	7	6	1	2	4	5	8
6	4	1	2	7	3	9	8	5
5	8	3	9	6	1	7	4	2
9	7	2	4	5	8	1	6	3
2	5	9	7	8	6	3	1	4
4	1	8	3	2	9	5	7	6
7	3	6	1	4	5	8	2	9

112

8	3	7	9	2	1	5	6	4
5	6	4	3	7	8	2	9	1
2	9	1	5	4	6	3	7	8
4	2	6	1	5	7	8	3	9
7	8	9	2	3	4	1	5	6
1	5	3	6	8	9	4	2	7
3	4	8	7	9	5	6	1	2
6	7	5	8	1	2	9	4	3
9	1	2	4	6	3	7	8	5

113

1	3	6	2	4	7	9	5	8
5	8	7	1	3	9	4	2	6
9	2	4	5	6	8	3	7	1
6	5	9	8	1	3	7	4	2
7	4	8	6	5	2	1	9	3
3	1	2	7	9	4	6	8	5
4	6	5	9	2	1	8	3	7
2	7	3	4	8	6	5	1	9
8	9	1	3	7	5	2	6	4

114

1	8	2	7	4	6	5	9	3
5	3	4	2	1	9	7	6	8
6	7	9	3	8	5	2	4	1
7	9	3	8	5	2	4	1	6
4	1	8	6	3	7	9	2	5
2	6	5	1	9	4	3	8	7
9	5	7	4	6	1	8	3	2
3	2	1	9	7	8	6	5	4
8	4	6	5	2	3	1	7	9

9	6	8	3	1	7	4	2	5
3	2	4	9	8	5	7	1	6
1	5	7	4	2	6	3	8	9
8	7	6	5	9	3	2	4	1
5	1	2	8	6	4	9	3	7
4	3	9	2	7	1	5	6	8
6	4	3	1	5	9	8	7	2
7	8	5	6	3	2	1	9	4
2	9	1	7	4	8	6	5	3

4	3	6	7	8	9	1	2	5
7	2	8	4	5	1	3	9	6
5	1	9	3	6	2	7	8	4
8	6	3	2	1	5	9	4	7
1	7	2	6	9	4	5	3	8
9	5	4	8	7	3	2	6	1
2	4	1	5	3	6	8	7	9
3	8	5	9	4	7	6	1	2
6	9	7	1	2	8	4	5	3

117

2	4	3	8	9	1	7	6	5
5	6	1	3	2	7	9	8	4
8	9	7	6	5	4	2	1	3
1	5	8	7	3	2	6	4	9
3	2	9	4	1	6	5	7	8
4	7	6	9	8	5	1	3	2
6	3	2	5	7	8	4	9	1
9	1	4	2	6	3	8	5	7
7	8	5	1	4	9	3	2	6

118

4	9	2	6	1	8	5	3	7
8	1	5	7	2	3	9	4	6
3	6	7	9	5	4	8	2	1
2	5	8	3	4	1	7	6	9
6	7	3	5	9	2	4	1	8
1	4	9	8	6	7	3	5	2
7	2	1	4	3	9	6	8	5
9	3	6	1	8	5	2	7	4
5	8	4	2	7	6	1	9	3

119

8	3	1	9	5	2	6	4	7
9	2	6	7	1	4	3	8	5
5	7	4	3	8	6	9	2	1
4	5	7	6	3	9	8	1	2
1	6	2	8	7	5	4	9	3
3	8	9	4	2	1	5	7	6
2	9	3	5	4	7	1	6	8
6	1	5	2	9	8	7	3	4
7	4	8	1	6	3	2	5	9

120

9	4	6	2	8	5	7	3	1
8	2	7	9	1	3	5	4	6
1	5	3	6	7	4	8	9	2
2	9	8	7	4	1	6	5	3
5	7	4	8	3	6	2	1	9
3	6	1	5	9	2	4	7	8
4	8	2	3	5	9	1	6	7
6	1	9	4	2	7	3	8	5
7	3	5	1	6	8	9	2	4

121

4	2	5	3	8	7	6	1	9
3	7	1	9	2	6	8	5	4
8	6	9	4	1	5	7	2	3
2	8	3	6	9	1	5	4	7
6	5	7	2	4	8	9	3	1
1	9	4	5	7	3	2	8	6
7	4	6	1	5	2	3	9	8
5	1	8	7	3	9	4	6	2
9	3	2	8	6	4	1	7	5

122

3	8	9	2	6	1	5	7	4
1	4	6	3	7	5	2	9	8
2	7	5	8	9	4	3	1	6
5	6	8	7	1	3	4	2	9
9	3	7	4	2	6	1	8	5
4	1	2	9	5	8	6	3	7
8	2	4	6	3	7	9	5	1
7	9	1	5	4	2	8	6	3
6	5	3	1	8	9	7	4	2

123

6	1	4	3	2	7	5	9	8
5	9	7	8	1	6	2	3	4
2	8	3	4	9	5	7	6	1
7	2	9	6	5	1	8	4	3
4	5	8	2	3	9	6	1	7
3	6	1	7	8	4	9	2	5
9	3	5	1	7	2	4	8	6
1	7	6	9	4	8	3	5	2
8	4	2	5	6	3	1	7	9

124

6	5	9	7	4	3	1	8	2
4	1	7	5	2	8	3	9	6
8	3	2	6	9	1	4	7	5
1	9	4	2	5	6	7	3	8
5	7	3	4	8	9	2	6	1
2	6	8	1	3	7	5	4	9
7	8	6	3	1	2	9	5	4
9	4	1	8	7	5	6	2	3
3	2	5	9	6	4	8	1	7

Su Doku

125

9	1	4	2	6	5	8	7	3
8	2	5	4	3	7	1	6	9
6	3	7	1	9	8	4	5	2
4	6	3	9	2	1	7	8	5
5	8	2	7	4	6	9	3	1
7	9	1	5	8	3	2	4	6
1	7	9	3	5	4	6	2	8
2	5	8	6	7	9	3	1	4
3	4	6	8	1	2	5	9	7

126

3	6	1	8	9	7	5	4	2
4	7	8	5	2	6	9	3	1
2	9	5	3	4	1	8	6	7
6	2	3	4	1	5	7	9	8
8	1	7	9	3	2	4	5	6
5	4	9	7	6	8	1	2	3
9	8	2	6	7	4	3	1	5
1	5	4	2	8	3	6	7	9
7	3	6	1	5	9	2	8	4

127

5	3	8	2	6	1	9	7	4
9	1	6	5	7	4	8	2	3
7	4	2	9	3	8	1	6	5
8	9	3	6	2	5	7	4	1
1	6	5	4	8	7	3	9	2
2	7	4	3	1	9	5	8	6
4	8	7	1	5	6	2	3	9
3	5	9	7	4	2	6	1	8
6	2	1	8	9	3	4	5	7

128

5	8	9	1	4	6	7	2	3
1	7	2	9	8	3	4	6	5
6	3	4	2	5	7	8	9	1
3	1	7	5	2	9	6	4	8
4	2	8	7	6	1	5	3	9
9	6	5	4	3	8	1	7	2
2	4	3	6	1	5	9	8	7
7	5	6	8	9	2	3	1	4
8	9	1	3	7	4	2	5	6

129

2	1	4	5	6	3	8	9	7
6	8	3	4	7	9	2	5	1
5	7	9	8	2	1	6	3	4
1	9	2	3	8	4	7	6	5
3	4	6	7	1	5	9	8	2
8	5	7	6	9	2	4	1	3
4	6	8	1	3	7	5	2	9
7	2	1	9	5	6	3	4	8
9	3	5	2	4	8	1	7	6

130

5	1	2	8	4	9	3	6	7
8	9	6	1	3	7	5	4	2
4	7	3	6	5	2	1	8	9
2	3	7	4	8	6	9	5	1
9	8	1	7	2	5	6	3	4
6	4	5	9	1	3	2	7	8
3	5	4	2	7	1	8	9	6
7	2	9	5	6	8	4	1	3
1	6	8	3	9	4	7	2	5

131

2	1	7	8	4	3	6	9	5
4	5	8	6	2	9	3	7	1
9	3	6	7	5	1	8	4	2
1	7	9	2	3	8	5	6	4
5	8	3	1	6	4	9	2	7
6	2	4	9	7	5	1	3	8
8	4	1	3	9	2	7	5	6
7	9	2	5	8	6	4	1	3
3	6	5	4	1	7	2	8	9

132

1	6	2	5	7	3	8	4	9
3	5	7	9	8	4	2	6	1
9	8	4	1	6	2	3	5	7
8	7	1	6	5	9	4	3	2
4	2	5	3	1	8	9	7	6
6	3	9	2	4	7	5	1	8
2	1	6	8	3	5	7	9	4
7	9	3	4	2	1	6	8	5
5	4	8	7	9	6	1	2	3

133

2	1	4	6	5	8	9	3	7
5	8	9	2	3	7	6	4	1
6	7	3	1	4	9	5	2	8
4	6	8	7	1	2	3	9	5
7	3	2	8	9	5	1	6	4
1	9	5	4	6	3	8	7	2
9	4	1	5	7	6	2	8	3
8	5	6	3	2	4	7	1	9
3	2	7	9	8	1	4	5	6

134

7	8	3	1	6	5	9	2	4
5	2	9	8	7	4	3	6	1
4	1	6	3	9	2	8	7	5
2	7	8	5	4	9	1	3	6
1	9	4	2	3	6	5	8	7
3	6	5	7	8	1	2	4	9
6	5	1	4	2	8	7	9	3
9	3	2	6	5	7	4	1	8
8	4	7	9	1	3	6	5	2

135

8	3	4	1	5	7	9	2	6
6	5	2	3	4	9	1	7	8
7	9	1	8	6	2	5	3	4
2	7	6	5	3	4	8	9	1
1	8	3	9	2	6	4	5	7
9	4	5	7	1	8	2	6	3
3	6	8	4	9	5	7	1	2
5	2	7	6	8	1	3	4	9
4	1	9	2	7	3	6	8	5

136

7	4	8	5	2	3	6	9	1
5	6	3	4	9	1	2	8	7
1	9	2	6	8	7	3	5	4
4	5	7	3	6	2	8	1	9
2	3	9	7	1	8	5	4	6
8	1	6	9	5	4	7	2	3
3	2	4	8	7	9	1	6	5
9	8	5	1	3	6	4	7	2
6	7	1	2	4	5	9	3	8

137

4	8	6	3	1	7	2	5	9
5	1	7	4	9	2	3	6	8
3	9	2	6	5	8	4	1	7
8	4	9	5	2	1	7	3	6
7	5	3	8	4	6	9	2	1
2	6	1	7	3	9	5	8	4
9	7	5	1	8	3	6	4	2
1	2	4	9	6	5	8	7	3
6	3	8	2	7	4	1	9	5

138

4	7	5	1	3	9	2	8	6
3	9	6	4	2	8	5	1	7
1	8	2	6	7	5	4	9	3
9	6	1	2	8	3	7	4	5
8	4	3	7	5	6	9	2	1
2	5	7	9	1	4	6	3	8
6	1	4	3	9	7	8	5	2
7	3	8	5	4	2	1	6	9
5	2	9	8	6	1	3	7	4

139

6	2	5	8	1	7	4	9	3
3	8	7	9	4	2	1	6	5
1	4	9	5	3	6	8	2	7
8	3	2	4	7	9	6	5	1
9	6	4	1	8	5	7	3	2
7	5	1	2	6	3	9	8	4
4	9	3	6	2	1	5	7	8
5	7	8	3	9	4	2	1	6
2	1	6	7	5	8	3	4	9

140

8	2	7	3	1	4	5	9	6
3	4	1	5	9	6	7	8	2
5	6	9	2	7	8	4	1	3
6	9	4	8	5	1	2	3	7
7	1	3	4	6	2	8	5	9
2	5	8	7	3	9	1	6	4
9	7	2	1	8	3	6	4	5
4	8	6	9	2	5	3	7	1
1	3	5	6	4	7	9	2	8

141

6	7	3	9	1	2	4	8	5
5	2	4	8	7	3	6	1	9
9	8	1	6	4	5	7	2	3
3	5	9	4	8	6	2	7	1
2	1	8	3	5	7	9	4	6
7	4	6	2	9	1	5	3	8
1	6	2	7	3	9	8	5	4
8	3	7	5	6	4	1	9	2
4	9	5	1	2	8	3	6	7

142

3	5	7	1	2	6	4	9	8
4	1	9	8	3	7	5	6	2
8	6	2	9	5	4	3	1	7
2	8	1	7	4	9	6	3	5
6	3	5	2	1	8	9	7	4
7	9	4	3	6	5	2	8	1
9	7	3	5	8	2	1	4	6
1	2	6	4	7	3	8	5	9
5	4	8	6	9	1	7	2	3

143

9	5	6	2	3	1	8	4	7
8	1	7	5	4	6	9	3	2
4	3	2	7	8	9	5	6	1
2	8	5	3	7	4	6	1	9
3	4	1	6	9	2	7	8	5
6	7	9	1	5	8	3	2	4
1	9	8	4	6	5	2	7	3
7	6	4	9	2	3	1	5	8
5	2	3	8	1	7	4	9	6

144

6	1	8	9	3	7	5	2	4
9	7	3	4	5	2	6	8	1
4	5	2	8	6	1	3	9	7
3	2	7	6	1	4	9	5	8
5	6	1	3	9	8	7	4	2
8	9	4	7	2	5	1	6	3
1	4	9	5	8	3	2	7	6
2	8	6	1	7	9	4	3	5
7	3	5	2	4	6	8	1	9

4	2	3	6	5	9	1	8	7
8	6	7	3	4	1	9	2	5
1	9	5	2	7	8	6	3	4
9	7	4	1	2	5	8	6	3
2	1	6	4	8	3	5	7	9
5	3	8	9	6	7	2	4	1
3	4	9	8	1	6	7	5	2
6	5	2	7	9	4	3	1	8
7	8	1	5	3	2	4	9	6

9	7	4	6	3	8	2	5	1
2	8	5	9	7	1	3	6	4
3	1	6	4	5	2	9	8	7
1	3	9	5	6	7	8	4	2
7	4	8	1	2	3	6	9	5
6	5	2	8	4	9	1	7	3
5	6	1	3	8	4	7	2	9
4	9	7	2	1	6	5	3	8
8	2	3	7	9	5	4	1	6

147

9	2	6	1	5	8	7	4	3
5	4	7	2	6	3	8	1	9
3	1	8	7	4	9	2	6	5
1	3	2	8	7	5	6	9	4
8	6	5	9	2	4	3	7	1
7	9	4	6	3	1	5	2	8
6	8	9	5	1	2	4	3	7
2	5	3	4	9	7	1	8	6
4	7	1	3	8	6	9	5	2

148

5	1	3	2	4	7	9	8	6
6	9	7	8	5	3	4	1	2
2	4	8	1	6	9	5	7	3
7	6	2	4	3	8	1	5	9
4	8	9	5	1	6	2	3	7
1	3	5	9	7	2	6	4	8
9	7	1	3	2	5	8	6	4
3	2	4	6	8	1	7	9	5
8	5	6	7	9	4	3	2	1

149

4	1	7	5	9	3	8	6	2
9	5	3	2	6	8	1	7	4
8	6	2	7	1	4	3	5	9
6	7	9	3	4	1	2	8	5
3	8	1	6	5	2	9	4	7
2	4	5	8	7	9	6	1	3
7	2	8	1	3	5	4	9	6
5	3	4	9	8	6	7	2	1
1	9	6	4	2	7	5	3	8

150

2	7	4	9	6	5	8	1	3
8	5	6	1	4	3	2	9	7
1	3	9	2	8	7	6	4	5
3	9	1	4	7	6	5	8	2
6	8	5	3	2	1	9	7	4
4	2	7	5	9	8	3	6	1
9	1	3	6	5	4	7	2	8
7	4	2	8	3	9	1	5	6
5	6	8	7	1	2	4	3	9

THE TIMES

Su Doku

If you would like to receive email updates on the latest
Times puzzle books, please sign up for the *HarperCollins*
email newsletter on

www.harpercollins.co.uk/newsletters

Also available:

The Times Fiendish Su Doku	ISBN 0-00-723253-5
The Times Difficult Su Doku	ISBN 0-00-723252-7
The Times Easy Su Doku	ISBN 0-00-723251-9
The Times Killer Su Doku	ISBN 0-00-722363-3
The Times Killer Su Doku Book 2	ISBN 0-00-723617-4
The Times Su Doku Book 1	ISBN 0-00-720732-8
The Times Su Doku Book 2	ISBN 0-00-721350-6
The Times Su Doku Book 3	ISBN 0-00-721426-X
The Times Su Doku Book 4	ISBN 0-00-722241-6
The Times Su Doku Book 5	ISBN 0-00-722242-4
The Times Su Doku for Beginners	ISBN 0-00-722598-9
The Times Su Doku (mini format)	ISBN 0-00-722588-1
The Times Japanese Logic Puzzles	ISBN 0-00-723326-4
The Times Hashi	ISBN 0-00-724068-6
The Times Samurai Su Doku	ISBN 0-00-724165-8

The Su Doku in this book are provided by:

SUDOKUSOLVER.COM

Generate and solve your Su Doku for free.

SUDOKU   GODOKU   SAMURAI SUDOKU   SUPER SUDOKU

Sign up for your own account with the following features:

- ► create your own exclusive Su Doku, Samurai Su Doku and Super Su Doku puzzles
- ► solve and generate; then print or email any Su Doku puzzle
- ► solve popular puzzles instantly without entering any numbers
- ► play with others against the clock, compare and comment
- ► view simple explanations of common and advanced Su Doku solving techniques
- ► free entry to win prizes with our Su Doku competitions

Enjoy playing Su Doku more at sudokusolver.com!